La investigación científica, su metodología

Dr C. Elpidio López Arias - Msc. Fidel de Jesús López Novoa.

La investigación científica, su metodología
Ejemplos aplicados al proceso pedagógico.

Colección Temática

Pedagogía

UNIVERSITAS. Editorial Científica Universitaria de Córdoba

ISBN: 978-987-572-885-1

Indice

UNIVERSITAS

1

El proceso de investigación científica de la realidad

El proceso de investigación científica es aquel que de modo consciente se desarrolla a través de las relaciones que se establecen entre el investigador y el objeto de la realidad objetiva que se investiga con el propósito de superar la situación presente en el mismo, dando respuesta de esta forma a las necesidades de la sociedad, para lo cual se tiene en cuenta la cultura acumulada por la humanidad y los métodos y técnicas propias de la investigación científica de forma planificada y organizada.

La caracterización del proceso de investigación se hace a partir de una posición que asume en un plano general la concepción materialista dialéctica, así como la concepción de los procesos conscientes de Fernando González Rey (1993). Todo lo cual posibilita caracterizar el proceso desde una base gnoseológica en la cual se considera que:

- El proceso de investigación científica es un proceso consciente.

- El estudio del proceso de investigación parte del todo y tiene sentido sólo en él.

- El análisis de la estructura del proceso se hace sobre la base de sus elementos y relaciones.

- En el proceso, la naturaleza de estas relaciones es de carácter dialéctico-materialista.

El análisis del proceso de investigación a partir de una concepción gnoseológica, no reduce la comprensión de la estructura del mismo a la de sus partes, ni lo entiende como la suma de ellas, por el contrario parte del análisis dialéctico del proceso.

En otras palabras, no se trata de comprender la estructura de dicho proceso como un conjunto de elementos, relaciones y funciones, ya que el proceso de investigación de la realidad es más que la simple integración de las partes, sino se trata de comprenderlo como un todo inseparable, resultado de las interrelaciones entre los elementos, relaciones, características, funciones y cualidades, los cuales en su integración condicionan el proceso como un todo.

Por tanto, el todo no se explica por las partes, se manifiesta a través de ellas. Son las partes las que por constituir el todo reciben significado alguno.

Es por ello que no resulta adecuada la jerarquización de alguna de las partes que conforman la estructura del proceso, sin hacer referencia al contexto desde el cual se realiza el análisis. Sólo en el análisis de éstas se revela la verdadera riqueza y objetividad del proceso.

El proceso de investigación de la realidad está constituido por fases a través de las cuales el investigador maneja tres conceptos y sus relaciones. Ellos son: Estructura (el objeto a investigar), Modelo (su representación) y Teoría (el problema a resolver).

Por objeto de investigación se entiende la selección a partir de la realidad objetiva de: elementos, propiedades de elementos y relaciones entre los elementos y con los cuales se reconstruye un aspecto de dicha realidad.

Para describir una teoría, se hace necesario un lenguaje con el cual se pueda hacer esta descripción. Ello lleva consigo la necesidad de considerar algunos términos de este lenguaje como primitivos, dicho con otras palabras, como conceptos que no pueden ser definidos, ya que su posible definición se realizaría en función de otros términos que a su vez tendrían que ser definidos, siguiéndose así una cadena que nunca tendría fin. A tales conceptos se les llaman conceptos básicos o primarios.

En las diferentes teorías, a grandes rasgos, hay dos tipos de conceptos básicos. Los primeros se refieren a los elementos que supuestamente pertenecen a determinados conjuntos y los segundos son, de manera general, relaciones que se establecen entre elementos de los conjuntos antes mencionados.

Al analizar una teoría, ésta puede considerarse desde el siguiente punto de vista: Se tienen uno o varios conjuntos cuyos elementos son de naturaleza variada, una o varias relaciones entre los elementos de uno o varios de los conjuntos considerados y las relaciones establecidas satisfacen diferentes condiciones.

Tratando de encontrar un lenguaje común que englobe los aspectos antes considerados, se llega al concepto de estructura, el cual se define a continuación. Una estructura es un n-tuplo ordenado (C_1,C_2.,C_m, R_1,R_2,R_{n-m}), cuyos primeros m componentes ($m<n$), son conjuntos no vacíos, llamados conjuntos base de la estructura y los restantes n-m componentes son relaciones o conjuntos de relaciones entre elementos de los conjuntos base de la estructura.

De forma general, para las relaciones R_1, R_2, R_{n-m} de la estructura considerada, es necesario precisar, salvo en casos que sean dadas explícitamente, las propiedades que las mismas poseen. Esto se hace mediante la declaración de las propiedades de cada relación o conjunto de relaciones; dichas propiedades reciben el nombre de axiomas, principios o postulados. Al conjunto de todos los axiomas de una estructura se les llama, por lo general, sistema de axiomas de la estructura. Más adelante se tratarán las características fundamentales de los sistemas de axiomas. No obstante, en una estructura con los axiomas relativos a las relaciones de la misma, se pueden dar otras estructuras donde se explicitan determinados elementos y relaciones de forma tal que estos elementos y relaciones satisfagan las características de la estructura dada previamente y las relaciones cumplan los axiomas que se tienen. Se llega así al concepto de modelo.

Un modelo es una estructura que sirve para representar a otra; es decir, es toda elección concreta de objetos que se consideren como objetos del sistema dado de axiomas.

La definición de modelo es general y puede aplicarse a cualquier rama del saber. Así, por ejemplo, se habla de diferentes modelos del átomo que intentan describir la estructura del átomo real. Los modelos del átomo son muy variados y van desde el primero, llamado modelo del "budín con pasas" -cuando se pensaba que un átomo era como una masa donde los electrones estaban situados como las pasas en un pudín- hasta algunos actuales, en los cuales el modelo del átomo es un sistema de ecuaciones diferenciales.

La cuestión de la modelación de procesos es muy importante en la actualidad. Al proponerse el estudio de alguna estructura de la realidad, es decir, un proceso físico o de otro tipo, por lo general se busca un modelo de dicha estructura que permita hacer predicciones sobre el comportamiento de dicho proceso. No obstante,, aún en los casos más sencillos, las estructuras de la realidad son extremadamente complicadas y es por eso que al tratar de construir un modelo para investigar el proceso, se hace necesario tomar solamente una parte de los conjuntos base de la estructura y de las relaciones establecidas entre ellos. El papel del investigador es precisamente tratar de determinar cuáles son los conjuntos y las relaciones esenciales de la estructura que se quiere estudiar.

Por ejemplo, si se está interesado en el estudio del sistema solar, al construir un modelo teórico del mismo, con el fin de estudiar el movimiento de los planetas, en el modelo teórico se desprecia la existencia de meteoritos, polvo espacial, cometas, etc; ya que, si bien ellos son componentes del sistema solar, su presencia no influye grandemente en el movimiento de los planetas. Como relaciones se pueden tomar las fuerzas gravitatorias sin tener en cuenta, por ejemplo, las fuerzas de atracción nuclear, ya que las segundas, en el movimiento planetario son despreciables respecto a las primeras.

En la medida en que el investigador sea capaz de tomar los conjuntos y relaciones fundamentales para modelar una estructura, el modelo que construya podrá hacer mejores predicciones sobre la estructura que se quiere estudiar.

La mecánica de Newton permitió construir un buen modelo del sistema solar, algunos de cuyos teoremas son, por ejemplo, las leyes de Kepler sobre el movimiento de los planetas. Sin embargo, ella era incapaz de explicar las desviaciones que se producen en un rayo de luz al pasar cerca de una masa suficientemente grande, aspecto que pudo predecirse y explicarse a partir de los estudios de Einstein, el cual consideró relaciones diferentes a las de Newton, no obstante produce ecuaciones de movimiento que contienen las ecuaciones de la mecánica de Newton como caso especial, cuando se considera la velocidad de la luz como infinita.

Al retomar, nuevamente, la cuestión de los procesos investigativos se hace necesario definir el concepto teoría.

Se llama teoría de la investigación científica a la formulación, más o menos precisa, de la problemática de una investigación; es decir, la definición de las preguntas para las cuales el investigador busca respuesta, las premisas que condicionan en algún sentido estas preguntas, y las hipótesis o respuestas sin confirmar que el investigador posee para dichas preguntas.

Los investigadores reúnen gran cantidad de conocimientos científicos a través de los procesos de investigación.

Pero conforme estos se acumulan surge la necesidad de integrarlos, organizarlos y clasificarlos con el objetivo de darles significado a los descubrimientos aislados. Dicho en otras palabras, hay que formular teorías; las mismas están formadas por un conjunto de conceptos, definiciones y proposiciones interconexas que al especificar las relaciones de los elementos de los conjuntos base de la estructura, ofrecen una interpretación de los objetos de la realidad objetiva con el propósito de explicarlos y predecirlos.

Características fundamentales de las teorías científicas:
Debe explicar las situaciones observadas en el objeto de estudio que se relacionan con el problema particular que se investiga; tiene que explicar el "por qué" del hecho, proceso o fenómeno en consideración.
Tiene que ser compatible con los hechos, procesos o fenómenos y con el cuerpo de conocimientos ya aprobados.
Debe ofrecer los medios para su contrastación empírica.
Debe estimular nuevos descubrimientos y señalar otras áreas que necesitan investigarse.

El objetivo que persigue la elaboración de teorías se ha alcanzado más en las ciencias naturales y matemáticas que en las sociales, lo cual no es extraño pues las primeras son más antiguas. En la etapa inicial de una ciencia el interés se centra en el empirismo; en la etapa de madurez se comienza a integrar dentro de una estructura los conocimientos aislados obtenidos. Puede decirse que la elaboración de teorías es la mejor acción que el hombre puede hacer por comprender la estructura del mundo que habita, de la realidad objetiva.

El proceso de investigación científica lo constituye la interrelación de los tres conceptos apuntados anteriormente: estructura, modelo y teoría. (Ver el anexo #1).

Se propone a continuación el siguiente grafo dirigido como modelo más simplificado de las relaciones entre ellos:

E M T

A partir de la relación anterior, dos grafos dirigidos serían plenamente planteables:

1ro. E M T y

2do. E M T

Ambos pueden considerarse dos modelos -o paradigmas- posibles de los procesos de la investigación científica. El primer modelo sirve para caracterizar todo proceso investigativo de carácter empírico-experimental y el segundo, todo proceso investigativo de carácter teórico. No obstante, el proceso de investigación científica se caracteriza precisamente por ser una trama compleja de los procesos antes señalados.

Aspectos fundamentales que diferencian a los procesos investigativos de carácter empírico-experimental de los de carácter teórico:

- En el proceso de investigación que se establece en el primer modelo prevalece el método inductivo de investigación, y en el segundo modelo, el método deductivo. Los investigadores que siguen el método inductivo intentan descubrir una teoría que explique sus datos, y los que siguen el deductivo, pretenden encontrar datos que corroboren su teoría.

Aristóteles (384-322 a..C.) y sus discípulos implantaron el **razonamiento deductivo** que es un proceso del pensamiento en el que de afirmaciones generales se llega a afirmaciones específicas si se aplican las reglas de la lógica. Es un sistema para organizar hechos conocidos y extraer una conclusión.

Sin embargo, el **razonamiento deductivo** -como se explicará con más detalle posteriormente- tiene limitaciones. Es necesario empezar con premisas verdaderas para llegar a conclusiones válidas. Las conclusiones deductivas nunca pueden ir más allá del contenido de las premisas. Por tanto, el proceso de la investigación científica no puede efectuarse sólo por medio del **razonamiento deductivo**, pues es difícil establecer la verdad universal de muchos enunciados que tratan de objetos de la realidad objetiva.

El **razonamiento deductivo** sirve para organizar lo que ya se conoce y señalar nuevas relaciones conforme se pasa de lo general a lo específico, pero sin que llegue a constituir una fuente de verdades nuevas.

A pesar de sus limitaciones, es de utilidad para los procesos investigativos. Ofrece recursos para unir la teoría y la observación, además permite a los investigadores deducir a partir de la teoría los hechos, procesos o fenómenos que habrán de investigarse. El razonamiento deductivo garantiza, además, establecer hipótesis, que son parte esencial de los procesos de investigación científica.

Francis Bacon (1561-1626.) fue el primero que propuso un nuevo método para adquirir conocimientos. Afirmaba que los investigadores no debían esclavizarse aceptando como verdades absolutas un sistema de premisas. En su opinión, el investigador tenía que establecer conclusiones generales basándose en situaciones recopiladas mediante la observación de los objetos de la realidad objetiva.

En el sistema de Bacon las observaciones se hacían sobre objetos particulares de una clase, y luego a partir de ellos se hacían inferencias acerca de la clase entera. Este procedimiento se denomina **razonamiento inductivo** y es lo contrario del que se utiliza en el método deductivo.

En el **razonamiento inductivo**, para estar seguro de un resultado, es necesario que el investigador examine todos los objetos de la clase objeto de estudio. En la práctica esto no suele ser factible, por lo que deberá confiarse en la inducción imperfecta que se basa en observaciones incompletas.

El uso exclusivo de la inducción da por resultado una acumulación de conocimientos aislados que contribuyen muy poco al progreso de la ciencia. Además existen muchos problemas que no pueden resolverse sólo por inducción.

De las limitaciones señaladas anteriormente a los métodos inductivo y deductivo, trae inevitablemente que los investigadores aprendieran a integrar los aspectos más importantes de estos métodos en una nueva técnica, denominada **método inductivo-deductivo o científico**. Se considera que Charles Darwin, al elaborar su teoría de la evolución (1837), fue el primero que la aplicó para obtener conocimientos.

El método científico suele describirse como un proceso en que los investigadores a partir de sus observaciones hacen inducciones y formulan hipótesis, y a partir de éstas hacen deducciones y extraen consecuencias lógicas; infieren las consecuencias que habría si una relación hipotética es cierta. Si dichas consecuencias son compatibles con el cuerpo organizado de conocimientos aceptados, la siguiente etapa consiste en contrastarlas empíricamente. Las hipótesis se aceptan o rechazan sobre la base de ello.

- Las teorías de las ciencias naturales y de las ciencias sociales, en su proceso investigativo siguen el paradigma empírico-experimental. Las teorías matemáticas formalizadas son las únicas que en su proceso investigativo toman el paradigma teórico.

- Una hipótesis puede declararse falsa en las teorías matemáticas por la presentación de un único ejemplo que la viole; no así en las teorías con un carácter empírico-experimental.

- Los resultados científicos obtenidos según las teorías matemáticas formalizadas no podrán ser refutados, puesto que una nueva teoría en la Matemática, creciendo sobre el fundamento de una establecida, como su generalización o su perfeccionamiento, no elimina a esta como falsa, sino que aparece simplemente como un modelo más amplio.

- Siempre hay que declarar, en las teorías empírico-experimentales, la naturaleza de los elementos de los conjuntos base de la estructura, no así en las teorías matemáticas, puesto que en el análisis de las construcciones lógicas de las mismas no es imprescindible referirse a los objetos reales.

- En una teoría matemática, a diferencia de una empírico-experimental, si está formada como un sistema deductivo, no podemos variar ninguna proposición particular sin cambiar, al menos, algunos de los axiomas. En una teoría empírico-experimental se forma en la consideración de proposiciones particulares, las cuales pueden cambiarse en un momento dado, sin tocar las premisas fundamentales de la teoría.

- El primer modelo que representa los procesos investigativos de carácter empírico-experimental, está representado por los paradigmas cuantitativo y cualitativo.

Aspectos fundamentales que diferencian a los paradigmas cuantitativos de los cualitativos:

	Paradigma cuantitativo	**Paradigma cualitativo**
Tipo de investigaciones	Representa las investigaciones que, predominantemente, tienden a usar datos cuyo estudio requiere, inevitablemente, el uso de modelos matemáticos y de la estadística,	Investigaciones que usan herramientas de obtención y manejo de información que no necesariamente requiere el concurso de la matemática o estadística para llegar a conclusiones. Este paradigma surge en la década de los 80.
Plano gnoseológico	Posee una concepción global positivista, hipotético-deductivo, particularista, objetiva, orientada a resultados y propia de las ciencias naturales.	Postula una concepción global fenomenológica, inductiva, estructuralista, subjetiva, orientada al proceso y propia de las ciencias sociales.
Relación Investigador-Objeto 1	El investigador puede incidir en el objeto de estudio fragmentándolo y manipulando sus partes de manera independiente	Todas las partes que conforman el objeto están interrelacionadas, de modo que el estudio de una de ellas influye necesariamente en todas las demás.

Relación Investigador-Objeto 2	El investigador pueda mantener una distancia respecto al objeto de estudio	El investigador y el objeto están interrelacionados, influyéndose mutuamente
Resultados y generalizaciones	Los resultados obtenidos en las investigaciones cuantitativas, implican la generalización de los mismos	Las generalizaciones no son posibles, sólo se obtienen resultados referidos a un contexto particular.
Instrumentos	Se intercalan instrumentos entre el investigador y los objetos estudiados, lo que permite que mejore la fiabilidad y objetividad del estudio	El investigador se utiliza a sí mismo como instrumento, con lo que se pierde fiabilidad y objetividad pero se gana en flexibilidad y posibilidades en la construcción de un conocimiento tácito.
Escenario Idóneo	Laboratorio	Sociedad
Requerimientos	Requieren de un diseño preestructurado, donde se declaren previamente la descripción de todos los pasos de la investigación	Diseño es abierto y se despliega a lo largo del proceso de investigación.

Además, las investigaciones cualitativas surgen porque los datos estadísticos no reflejan las complejas situaciones que se manifiestan en el comportamiento humano y además porque en dicho comportamiento inciden múltiples aspectos o situaciones que no se pueden aislar, ya que son dependientes unas de otras.

Características fundamentales de la investigación-acción:

- - Es orientada hacia el futuro ya que, no está limitada a descubrir o explicar las relaciones que se dan en situaciones existentes o pasadas, sino que informa los propios procesos de dirección del sistema de acciones a ejecutar para resolver los problemas que existen y su incidencia futura.

- - Es colaboradora pues, en ella se destaca la interdependencia entre los investigadores y los miembros de la comunidad.

- - Es evolutiva en tanto, constituye una competencia por mejorar la resolución de problemas.

- Genera una teoría basada en la acción y no una teoría del investigador, ni una teoría formal, sino la teorización de acciones.

- - Los métodos no pueden especificarse de antemano, se generan durante el propio proceso de investigación.

- - Es situacional ya que, todo conocimiento tiene su propia situación particular que lo engendra.

- Las acciones no son acontecimientos aislados, poseen una intención en el proceso de investigación.

- Es una práctica reflexiva puesto que, como el investigador se autoinvestiga, se convierte en reflexivo.

- No precisa de antemano una acción investigadora específica.

- Se establece una investigación entre investigadores de opiniones diferentes.

- No se preocupa por el descubrimiento de leyes, sino por entender la vida social, por interpretarla.

- - Da respuesta a los dos marcos donde se realiza la práctica social: marco "formal" (p.e. los componentes del proceso docente educativo) y marco "no formal" (p.e. el contexto donde se desarrolla).

- - El conocimiento se produce simultáneamente a la modificación de la realidad.

- - El problema, la situación del objeto, nace en la comunidad, es quien lo define y lo resuelve.

- - Exige la participación plena e integral de la comunidad. Esto provoca un análisis auténtico de la realidad social.

- Permite un importante impulso y desarrollo de la investigación y el aumento de la capacitación de todos los miembros de la comunidad como investigadores.

- - En el plano del proceso docente educativo, se destaca el papel activo del estudiante en el acto de aprender y de compromiso social del estudiante y del profesor.

- Algunas limitaciones que presenta la investigación-acción:

- Todo conocimiento resulta ser relativo a determinado marco contextual particular.

- Se requiere en la comunidad de un personal preparado para realizar el proceso de investigación.

- - En el plano del proceso docente educativo, es sumamente peligroso que el diseño curricular, su concepción, descanse en consideraciones individuales de los investigadores y en circunstancias específicas.

- En el proceso educativo, es considerable el riesgo de obtener una enseñanza empírica y pragmática, debido a su excesiva contextualización.

Características fundamentales de los sistemas de axiomas de una estructura:

Como fue planteado, los axiomas son proposiciones que expresan las características de las relaciones que se establecen en la estructura.

Evidentemente, la primera pregunta que puede formularse es la referente a la obtención de los axiomas; es decir, de dónde se obtienen y qué características deben tener.

Al construir un sistema de axiomas para una estructura cualesquiera, se tiene que empezar por seleccionar ciertos conceptos básicos que hay que dejar sin definir por las razones antes expuestas, luego se examinan las proposiciones de la teoría, intentando seleccionar algunas de ellas, teniendo en cuenta su simplicidad y su adecuación para dar de sí las otras no seleccionadas; a estas se les llama **axiomas**, y quedarían sin demostrar en la teoría.

Se pueden realizar por lo menos tres preguntas importantes relacionadas con el sistema de axiomas:

1. ¿Implica el sistema de axiomas de la estructura proposiciones contradictorias?. Si así ocurre, hay que eliminar este defecto para poder confiar en los resultados: Problema de la consistencia, compatibilidad o libertad de contradicción.

2. ¿Es adecuado el sistema de axiomas a los fines que se han formulado?; es decir, ¿si el sistema es lo suficientemente rico en axiomas para que de ellos se deriven lógicamente el resto de los enunciados verdaderos? : Problema de la completitud o categoricidad.

3. ¿Son los axiomas realmente independientes; esto es, son algunos de ellos demostrables a partir de los demás?, caso en el cual deberían tal vez eliminarse del sistema y pasarse al cuerpo de proposiciones por demostrar: Problema de la independencia o minimalidad.

Puesto que estos problemas surgen al estudiar cualquier sistema de axiomas, tiene sentido enunciar de manera general el planteo de los problemas indicados, así como los métodos para su resolución.

Análisis del problema de la consistencia:

Esta característica es de obligatorio cumplimiento, ya que un sistema de axiomas que la posea, es tal, que en la teoría que se desarrolle a partir del mismo no pueden deducirse resultados contradictorios.

Pero, ¿cómo puede decirse si un sistema de axiomas es consistente o no?. Es posible imaginar que se consiga demostrar a partir del sistema de axiomas dado, dos proposiciones que se contradigan la una con la otra, lo que permite concluir que el sistema de axiomas no es consistente.

Pero, si eso no ocurre, ¿cómo se puede concluir que el sistema de axiomas es consistente?; ¿cómo puede decirse que, al continuar enunciando y demostrando proposiciones, no se llegue en algún momento a enunciados contradictorios y, por tanto, a una inconsistencia? Difícilmente se alcance un punto en el que pueda decirse con confianza que no pueden afirmarse más proposiciones. Y, a menos de tener todas las proposiciones posibles ante la vista, todas las proposiciones que puedan contradecirse, ¿cómo decir que el sistema de axiomas es consistente?

Otra dificultad puede surgir del hecho de que acaso sea difícil reconocer que hay una contradicción implicada, aún en el caso de que efectivamente se dé. Hay casos de sistemas en los cuales se había empleado mucho tiempo y estudio y que solo más tarde manifestaron su inconsistencia. Así nos encontramos directamente con el siguiente problema: ¿existe algún procedimiento para demostrar que un sistema de axiomas es consistente?

El análisis de la consistencia de un sistema axiomático es una cuestión por lo general muy complicada; por eso, a fin de demostrar la consistencia de un sistema dado de axiomas, basta hallar alguna de sus posibles realizaciones, ya que si estos axiomas pueden ser realizados de alguna manera en el modelo, entonces será imposible deducir de ellos, con razonamientos correctos, dos resultados que se excluyan mutuamente desde el punto de vista lógico, tales como, digamos, la afirmación y la negación de una misma proposición.

Cuando se desarrolla suficientemente una teoría, si no se encuentra contradicción en las proposiciones obtenidas, se tiene una relativa tranquilidad con respecto a la consistencia, pero nunca una certeza; es más, como demostró Kurt Gödel en 1931, en el interior de una teoría es imposible demostrar que la misma está libre de contradicción. Lo más que puede lograrse es demostrar la llamada consistencia relativa de un sistema de axiomas.

Lo planteado anteriormente significa lo siguiente. Se tiene una teoría T suficientemente desarrollada como para estar casi convencidos de que ella es consistente. Si, a partir de los conceptos de esa teoría, puede construirse un modelo de la teoría cuya consistencia se quiere determinar (teoría T'), entonces, por las consideraciones hechas, se garantiza que si la teoría T es consistente, entonces también lo es la teoría T'.

Análisis del problema de la completitud:

El concepto de completitud está íntimamente relacionado con el concepto de isomorfismo de estructuras.

Dos estructuras son isomorfas, si entre los elementos de estas se puede establecer una correspondencia biyectiva tal, que los elementos correspondientes se encuentren en relaciones mutuas análogas.

Se dice entonces que un sistema de axiomas es completo si y sólo si cada dos interpretaciones del sistema son isomorfas.

Los grandes éxitos en la axiomatización de diferentes disciplinas han dado origen a la concepción del carácter ilimitado del método axiomático. En realidad, el proceso de axiomatización tiene sus límites y fronteras en la misma.

Por ejemplo, Gödel, en sus famosos metateoremas -teoremas de la teoría de la demostración-, prueba que en un sistema formal, lo suficientemente desarrollado, pueden formularse expresiones que siendo proposiciones del sistema en cuestión, no son demostrables en él, como tampoco lo son las negaciones de estas proposiciones. Según Gödel, de esta forma se afirma la incompletitud de principio de los sistemas axiomáticos formalizados, de lo cual se desprende, por ejemplo, la imposibilidad de construir un sistema axiomático general de toda la Matemática.

Análisis del problema de la independencia:

Un axioma de un sistema se dice que es independiente del resto, si el mismo no puede ser demostrado utilizando los axiomas restantes.

Para demostrar la independencia de un axioma con respecto al resto, se construye un modelo en el cual se toma como axioma la negación de éste, de forma tal que se obtenga una teoría libre de contradicción.

Puede determinarse de otra manera la independencia de un axioma dentro de un sistema, si se verifica que en algún modelo son interpretados los demás axiomas a excepción de éste.

Si en un sistema axiomático, todos los axiomas son independientes, entonces se dice que el sistema de axiomas es minimal. Esta característica es deseable, pero por razones de claridad, la mayoría de las veces se consideran sistemas no minimales.

El método axiomático de investigación.

El método axiomático consiste en que se toman como axiomas una serie de enunciados de la teoría, que se distinguen por su simplicidad y adecuación para dar de sí

-en calidad de efecto-, el resto de los enunciados de dicha teoría, teniendo en cuenta las reglas de la lógica. Lo que establece la demostración rigurosa de una proposición no es la verdad de la proposición en cuestión, sino más bien una comprensión condicional de que es verdadera siempre que la misma esté lógicamente implicada por los axiomas de la estructura. Este método se identifica con el proceso de investigación de carácter teórico.

Por tanto, puede decirse que la deducción lógica es una técnica conceptual que consiste en dar las afirmaciones ocultas en un conjunto dado de premisas, y hace darnos cuenta de aquello que nos hemos comprometido a aceptar al admitir aquellos axiomas, pero ninguno de los resultados obtenidos por esta técnica va nunca más allá de la información ya contenida en las suposiciones iniciales.

Este método es uno de los métodos científicos generales más extendidos en el conocimiento y sobre todo para la estructuración deductiva del saber ya obtenido, es considerado por muchos investigadores y filósofos como el método universal para la elaboración del conocimiento científico. Posee las características siguientes:

- Una exacta enumeración de los elementos de los conjuntos bases de la estructura, las relaciones que se establecen entre dichos elementos y los conceptos básicos.

- Comprensión del sistema de axiomas como el conjunto de propiedades que poseen las relaciones dadas en la estructura.

- El objeto de la axiomatización de una teoría, es cualquier modelo que la interprete.

- Formulación precisa de las exigencias de consistencia, completitud, minimalidad y demostración de su realización con ayuda del método de modelos.

La historia de la Matemática y la experiencia actual nos dan ejemplos en los cuales la formación de conceptos y aun teorías completas no se vinculan a causales del mundo exterior, sino sólo al desarrollo lógico puro de los razonamientos matemáticos. Esto ocurre, ya que la Matemática como ciencia abstracta no puede comprobar sus resultados directamente con ayuda de la experiencia, entonces, para ella adquiere un papel singular la actividad puramente deductiva.

Precisamente por esto, en la Matemática, frecuentemente, aparecen conceptos y teorías que al cabo de largo tiempo, a veces siglos, encuentran aplicaciones en las teorías empíricas y en la práctica. Pueden citarse como ejemplos, las geometrías no euclideanas y los números complejos.

Pero ni estos, ni muchos otros ejemplos que se pudieran mencionar, pueden considerarse como resultado de un libre juego del intelecto, desvinculado de la realidad y de la práctica social. Si se consideran retrospectivamente los razonamientos que motivaron, en última instancia, el concepto puro, más tarde o más temprano aparecen las interpretaciones prácticas en su esencia.

De lo anterior se infiere que ninguna abstracción es absoluta; el problema de la validez de uno u otro tipo de abstracción o idealización debe resolverse concretamente a través de la elevación de lo abstracto a lo concreto. Si los conocimientos, reflejan de forma objetiva la realidad, son verdaderos, y si no sucede de esta forma, entonces estos deben servir solamente para indicar que ha sido falso el camino tomado para la interpretación de la realidad, es decir, se debe buscar en otra dirección.

Por tanto, lo principal es hacer referencia a los conocimientos verdaderos; es decir, a las teorías, juicios y criterios que reflejen de forma objetiva la realidad.

No se debe comprender de manera esquemática y simplista el papel decisivo de la práctica social en el surgimiento y desarrollo de la ciencia y su influencia determinante en la marcha del conocimiento científico.

Es erróneo suponer que toda ciencia se dedica en las distintas etapas de su desarrollo a cumplir directamente los pedidos de la práctica. En el proceso de su desarrollo, cada ciencia elabora conceptos abstractos, tesis teóricas, capaces, en determinados límites, de desarrollarse de manera autónoma, con relativa independencia respecto de la práctica. Es frecuente que los científicos, al enunciar una u otra teoría, no vean en el primer momento su importancia para la actividad práctica de los hombres.

Las matemáticas proporcionan ejemplos singularmente claros que ilustran la tesis que se acaba de exponer. En esta ciencia, algunos planteamientos teóricos, conceptos abstractos y categorías se desarrollan durante decenios e incluso siglos de una manera "puramente" lógica, sin manifestar la capacidad de influir en la actividad práctica de los hombres.

Por ejemplo, la teoría de las secciones cónicas empezó a elaborarse hace más de dos mil años en la antigua Grecia, pero fue aplicada en la práctica hace relativamente poco. Lo mismo puede decirse del descubrimiento de la Geometría no euclideana, surgida como un sistema rígido, no contradictorio desde el punto de vista lógico; tuvo largo tiempo una significación puramente matemática, y solo a comienzos del siglo XX, unos ochenta años después, fue aplicada a fondo en la Teoría de la relatividad, la cual ha modificado radicalmente, como se sabe, las nociones del espacio y del tiempo y representa una de las bases de la Física nuclear moderna.

2

Dinámica del proceso de investigación científica.

Las investigaciones se originan en ideas que el hombre se hace, relacionadas con alguna situación dada en un hecho, proceso o fenómeno de la naturaleza, la sociedad o el pensamiento. Estas ideas constituyen, por tanto, el primer acercamiento al objeto de la realidad que habrá de investigarse.

Existe una gran variedad de fuentes que enriquecen las ideas de investigación, entre las cuales podemos mencionar: las experiencias personales, teorías, fuentes de información, observaciones, conversaciones, creencias, etc.

Una vez que se ha concebido la idea de investigación vinculada a la situación presente en el objeto y el científico ha profundizado en el estudio de la misma, se encuentra en condiciones de plantear el problema de investigación.

El paso de la idea al planteamiento del problema puede ser en ocasiones inmediato, casi automático, o bien llevar una considerable cantidad de tiempo; lo que depende de cuánto tan familiarizado esté el investigador con el objeto de estudio, la complejidad misma de la idea, la existencia de estudios anteriores, el empeño del investigador y las habilidades personales de éste. Como señala Ackoff: "Un problema científico correctamente planteado está parcialmente resuelto", es decir, a mayor exactitud al establecer el problema científico, corresponden más posibilidades de obtener una solución satisfactoria al mismo.

El proceso de investigación científica, como objeto de la Metodología de la Investigación Científica, está compuesto por un sistema de fases fundamentales, a través de las cuales pueden precisarse sus características y relaciones y constituyen una parte fundamental del modelo de la investigación científica.

Todo proceso de investigación científica está orientado a la solución de problemas científicos, y en él se establece una dinámica que lo caracteriza. Todo problema científico se formula conscientemente; cuya solución debe ser alcanzada en el curso de la investigación.

De lo anterior se concluye, que la primera característica que se da en la dinámica del proceso de investigación científica, será el concepto de problema de investigación.

El PROBLEMA (el ¿por qué?) de la investigación, es la situación inherente a un objeto de la realidad objetiva, dado por la necesidad existente en un sujeto.

El problema es objetivo en tanto es una situación presente en el objeto; pero es subjetivo, pues para que exista el problema, la situación tiene que generar una necesidad en el sujeto.

El problema científico es cierto conocimiento sobre lo desconocido, siendo expresión de la manifestación o toma de conciencia subjetiva de una necesidad social, cuya solución no se encuentra en el marco del conocimiento acumulado socialmente y dicha necesidad genera nuevos conocimientos.

Cualquier problema científico es consecuencia del desconocimiento de la existencia en un objeto de la realidad objetiva, de elementos y relaciones entre estos elementos de dicha realidad. Según Burguette, "El problema científico es un conocimiento previo sobre lo desconocido en la ciencia".

El planteamiento del problema es la expresión de los límites del conocimiento científico actual que genera la insatisfacción de la necesidad del sujeto. El problema es, por tanto, una abstracción que proviene de lo conocido hacia lo desconocido, es la brecha entre lo actual y lo deseado.

El problema surge como resultado del diagnóstico de la situación del objeto en que se manifiesta un conjunto de hechos, procesos y fenómenos no explicables con los conocimientos de que se dispone. No debe confundirse un problema social con un problema de investigación. Un problema social se convierte en un objeto de indagación cuando nos hacemos preguntas sobre características del mismo, de sus relaciones con otros sucesos, etc. y sobre la base de esas preguntas se elabora una estrategia metodológica para encontrarles respuestas. Por ejemplo: la drogadicción en la juventud es un problema social de extrema gravedad en muchos países, tal problema se constituye en un problema de investigación cuando se hacen interrogantes como las siguientes: ¿qué características sociales y psicológicas tienen los jóvenes drogadictos?, ¿cuáles son los principales factores o situaciones que inducen a los jóvenes la drogadicción?, etc. Las respuestas que puede dar la investigación a esas preguntas proporcionarían las bases objetivas para establecer programas de prevención y rehabilitación de jóvenes drogadictos.

El surgimiento de problemas científicos puede responder a las necesidades siguientes:

- Someter a revisión científica teorías, conceptos, hechos establecidos, etc. para hacerlos corresponder con los nuevos logros de la ciencia.

- Buscar nuevos conocimientos empíricos y teóricos.

- Perfeccionar o establecer nuevos métodos y medios de la investigación científica.

El problema científico debe ser formulado en los conceptos propios de la ciencia, partiendo del sistema de conocimientos científicos, en el cual se precisa de forma clara el objeto de la investigación.

Requisitos que debe de reunir un problema científico:

- La formulación del problema debe basarse en el conocimiento previo del mismo.

- La solución que se alcance al problema estudiado debe contribuir al desarrollo del conocimiento científico, al desarrollo de la ciencia.

- Debe resolverse aplicando los conceptos, principios y leyes de la rama del saber.

- El problema debe estar formulado claramente como pregunta o como objetivo.

- El planteamiento del problema implica la posibilidad de prueba empírica, es decir, de poder observarse y medirse en la realidad.

Antes de que el problema de investigación pueda ser considerado como apropiado para el investigador, este debe contestar afirmativamente preguntas como las siguientes:

- ¿Tengo la necesaria competencia profesional para planear y realizar un estudio de este tipo?

- ¿Sé lo suficiente en este campo como para comprender sus aspectos más importantes y para interpretar mis hallazgos?

- ¿Soy lo necesariamente hábil como para desarrollar, aplicar e interpretar los sistemas y procedimientos de recogida de datos?

- ¿Tengo conocimientos básicos suficientes de las técnicas estadísticas?

- ¿Tendré los necesarios recursos financieros y materiales para llevar a cabo la investigación?

- ¿Dispondré de tiempo suficiente para terminar la investigación?

- ¿Tendré el valor y la determinación de proseguir la investigación a pesar de las dificultades, críticas y oposición que pueda provocar un estudio polémico o delicado?

Cualidades que debe de reunir un problema científico:

- **Objetividad**: todo problema tiene que responder a una necesidad real de la sociedad, tiene que ser expresión de un desconocimiento; la solución de un problema tiene que traer como resultado la aparición de un nuevo conocimiento.

- **Especificidad:** se hace necesario determinar cuál va a ser el objeto de estudio de la investigación y qué cuestiones particulares nos interesan.

- **Contrastabilidad empírica:** los términos incluidos en la formulación del problema necesitan ser definidos de forma tal que permitan el trabajo directo del investigador en la búsqueda de la información y de la experimentación.

Teniendo en cuenta los diferentes tipos de relaciones que se pretenden encontrar con el estudio del objeto -estructura- en cuestión, aparecen los

Dferentes tipos de problemas:

- **Problemas exploratorios:** sirven para aumentar el grado de familiaridad con el objeto de investigación relativamente desconocido. Tienen el propósito, fundamentalmente, de determinar los elementos que conforman el objeto que se investiga.

- **Problemas descriptivos:** buscan sólo una fotografía, es decir, la caracterización de la situación del objeto de estudio, los elementos componentes de dicho objeto y sus propiedades, de un modo superficial o fenoménico. Este tipo de problema se encarga, esencialmente, de precisar las relaciones que se dan en cada uno de los elementos del objeto de estudio.

- **Problemas correlacionales:** se ocupan de medir el grado de relación que existe entre dos o más elementos de un objeto en particular, es decir, establecen no sólo la relación entre dos o más elementos, sino cómo lo están.

- **Problemas explicativos:** son aquellos problemas que tienen como objetivo brindar una caracterización causal del porqué ocurrió un determinado hecho, proceso o fenómeno. Con este tipo de problemas se va a la búsqueda de la esencia de los objetos.

Los problemas científicos no se presentan nunca aislados, sino que por el contrario, forman parte de un sistema problémico, es decir, de un conjunto de problemas lógicamente relacionados.

El investigador no puede estudiar simultáneamente todo el sistema problémico como una totalidad, por razones de recursos, de tiempo, de personal, etc.

La solución de los diferentes subproblemas y la síntesis integral de sus resultados, lleva a la solución del sistema problémico. De aquí la necesidad de que se defina el **TEMA de la investigación,** o sea, la denominación de aquellos aspectos de la situación problémica que se ha considerado necesario investigar por su carácter unitario como problema de investigación. El tema expresa el subproblema específico que se quiere investigar.

El tema de investigación se relaciona con un subconjunto del objeto de estudio, por lo que se debe formular de manera clara, precisa y cumpliendo todos los requisitos de un problema científico.

El tema constituye por tanto, una unidad de trabajo científico lógicamente estructurada, que se encuentra dentro del problema y que debe contribuir a la solución parcial de este.

El segundo concepto que caracteriza la dinámica del proceso de investigación científica es el objeto de estudio de la investigación.

El **OBJETO de estudio** (el ¿qué?) de la investigación, es aquella parte de la realidad objetiva sobre la cual actúa el sujeto, tanto desde el punto de vista teórico como práctico, con vista a la solución del problema planteado.

Los objetos de la investigación son procesos, hechos y fenómenos en los cuales se fija nuestra atención y establecen conceptos, propiedades, relaciones, leyes y teorías inherentes al objeto, con el fin de resolver el problema planteado.

El objeto de estudio de la investigación debe caracterizarse mediante conceptos particulares y específicos, con lo cual quede claro las cualidades del objeto, así como las operaciones que pueden hacer posible que el investigador opere con definiciones durante todo el proceso de investigación científica.

Precisar el objeto de estudio de la investigación científica permite estudiar un área específica de la realidad objetiva. El objeto de estudio está delimitado por el problema de la investigación científica.

La tercera característica de la dinámica del proceso de investigación científica es el concepto de objetivo de la investigación.

El OBJETIVO (el ¿para qué?) de la investigación, es la aspiración, el propósito de la investigación y presupone el objeto de estudio transformado, la situación propia del problema superado.

Los objetivos expresan los límites del problema y orientan el desarrollo de la investigación al precisar qué se pretende y qué posibilidades reales hay de lograrlos según los recursos y el tiempo disponible. Deben ser claros y precisos. Suponen un estudio profundo del problema.

De manera directa se puede decir que los objetivos de investigación son los tipos de conocimientos que se pretenden alcanzar en relación con los aspectos o preguntas que constituyen el problema de investigación. Estos niveles no son otros que los que toda investigación se propone alcanzar; ellos son los de explorar, describir, correlacionar y explicar.

Cualidades de los objetivos:

- El objetivo es orientador, ya que es el punto de referencia a partir del cual se desarrolla la investigación y hacia cuyo logro, se dirigen todos los esfuerzos.

- En la formulación del objetivo deben quedar expresadas de forma sintética y generalizadora, las propiedades y cualidades del objeto de estudio de la investigación que deben ser consideradas en la solución del problema planteado.

- Se expresa en sentido afirmativo; el objetivo es el resultado que se prevé en la solución del problema.

- El objetivo debe quedar limitado a los recursos humanos y materiales con los que se cuenta para realizar la investigación.

- Debe ser evaluable; ya que la evaluación de toda investigación tiene que estar encaminada a la solución o no del problema a resolver.

- El objetivo está delimitado, en el proceso de investigación científica, por el objeto de estudio.

Teniendo en cuenta que el tema expresa el subproblema específico que se quiere investigar, es necesario la precisión del objeto de estudio de la investigación. Por tal razón, se requiere de un concepto más estrecho que el concepto de objeto de investigación, a este concepto se denomina campo de acción o materia de estudio de la investigación.

El CAMPO DE ACCION de la investigación es aquella parte del objeto de estudio conformado por el conjunto de elementos, de aspectos, propiedades y relaciones que se abstraen en la actividad práctica del sujeto con un objetivo determinado, con ciertas condiciones y situaciones.

El objetivo delimita el campo de acción de la investigación, ya que para alcanzarlo, el hombre abstrae sólo aquellos elementos, aspectos, cualidades, propiedades, relaciones y leyes del objeto, que en su sistematización, le permitan desarrollar un proceso en que se debe alcanzar el objetivo.

La caracterización del proceso de investigación científica, además de precisar sus conceptos, requiere también establecer su dinámica o las relaciones entre ellos, es decir, la dinámica entre el problema, el objeto y el objetivo de la investigación científica:

- El problema (la necesidad) precisa, dentro del objeto y teniendo en cuenta el objetivo, al campo de acción; la solución del problema, al objetivo.

- La mera relación problema-objeto no debe entenderse como una sola relación, ya que se puede determinar un solo campo de acción, como resultado de conjugar este par, con el objetivo.

- El objetivo desvinculado del problema resulta indeterminado. El problema sin objetivo, no genera la actividad investigativa. Ambos, sin tener en cuenta el objeto, excluyen el contenido a investigar, es decir, la propia investigación.

- Al precisar el problema en su interrelación con el objeto y el objetivo, se hace posible el establecimiento, de manera única, del campo de acción y el tema de investigación.

De todo lo anterior se establece, que la relación problema, objeto y objetivo, es una relación que, con carácter de ley -primera ley-, se presenta en la dinámica del proceso de investigación científica. A través de esta triada se expresa el momento más externo del proceso, el vínculo de éste con la realidad objetiva. Esta ley se denomina:

ley externa de la dinámica del proceso de investigación científica. (Ver la primera parte del anexo #2).

Ejemplo 1:

Problema: Desinterés por el estudio en alumnos de carreras pedagógicas.

Objeto: El proceso docente educativo en los Institutos Superiores Pedagógicos.

Objetivo: Incremento sustancial de la motivación por la carrera pedagógica que aprenden.

Campo de acción: Formación vocacional en los estudiantes de los Institutos Superiores Pedagógicos.

Los aportes en una investigación científica podrán ser teóricos y prácticos; son los elementos que enriquecen la teoría de una ciencia.

Los aportes teóricos están encaminados al perfeccionamiento del proceso docente educativo, no pierden vigencia con facilidad; los aportes prácticos, permiten el mejoramiento del proceso docente educativo. En una investigación científica, es necesario que existan aportes teóricos; si no, estamos en presencia de un trabajo docente metodológico.

Si se da el aporte de la investigación científica, entonces se cumple el objetivo y se resuelve la contradicción de la investigación.

Se definió anteriormente el problema científico, en aras de una mayor comprensión de las definiciones teóricas dadas. Es necesario pensar en cómo pueden reflejarse los problemas en la mente del investigador, es decir, cómo el problema puede y debe descomponerse en elementos más sencillos y qué puede hacerse para tratarlo científicamente.

Ejemplo 2:

Problema: "La influencia de las relaciones personales del profesor con sus alumnos en la clase de Matemática".

(1) **Tipo de influencia:**

- Para crear hábitos de trabajo colectivo.

- Para crear normas de educación formal.

- Para la formación de valores.

- Para posibilitar la asimilación de determinados conocimientos.

- Otros.

(2) Relaciones personales:

- Dentro de la clase o fuera de esta.
- A determinado estilo de dirección del grupo.
- Otros.

(3) **Profesor:**

- Características profesionales del profesor.
- Características personales del profesor.
- Otros.

(4) **Alumno:**

- Características psicológicas de los alumnos.
- Características sociológicas de los alumnos.
- Tipo de enseñanza a que pertenecen.
- Otros.

(5) **Clase:**

- Formas organizativas docentes.
- Condiciones materiales del aula.
- Otros.

Todos los aspectos señalados al descomponer el problema que nos ha servido de ejemplo, pueden tomar diversos valores, es decir, pueden tomar valores cuantitativos y cualitativos diferentes. Ello caracteriza estos aspectos como variables.

Variable es un concepto que determina una cualidad de un objeto. Puede variar de una o más maneras y sintetiza conceptualmente lo que se quiere conocer acerca del objeto de investigación. Del ejemplo anterior:

La asimilación de determinado conocimiento puede ser:

- nula
- baja
- alta

El estilo de dirección del grupo puede ser:

- autoritario
- permisivo
- combinado

Cuando un investigador encuentra un problema, lo que hace es comprender la existencia de un conjunto de variables que interactúan, dando lugar a determinadas consecuencias que desconoce. Por tal razón, tratará de orientar la investigación en dos direcciones fundamentalmente:

1ro. Describir cuál o cuáles son las causas de que en una variable, sede una variación en otra y en qué medida, o bien,

2do. Estudiará si la aparición de una variable va acompañada de la aparición de otra y en qué condiciones esto se produce.

En general, es necesario escoger qué variables se ponen en relación y qué número de ellas de acuerdo con nuestras posibilidades, pues el número de variables implicadas en un problema es siempre grande. Seguidamente se definen algunos conceptos relacionados con este aspecto.

Se llama variables participantes a todo el conjunto de variables que se pueden señalar como implicadas en un problema científico.

Las variables relevantes son las variables que, por su importancia, el investigador decide relacionar.

Son variables ajenas aquellas variables que estando presentes en el problema, no son seleccionadas por el investigador para estudiar sus relaciones.

En las investigaciones educativas, aparecen diferentes tipos de variables:

- **Variables pedagógicas:** maestro, alumno, clase, Plan de Estudios, métodos de enseñanza, hábitos de estudio, etc.

- **Variables psicológicas:** motivación, vocación, aptitudes, actitudes, autoestima, influencia de la escuela, coeficiente de inteligencia, etc.

- **Variables sociológicas:** características personales de los alumnos, estado civil, sexo, edad, etc.

- **Variables ambientales:** influencia del entorno (ruido de carros, centrales, etc), etc.

Las variables constituyen conceptos que reúnen las siguientes cualidades fundamentales:

- Son observables, por tanto, permiten algunas confrontaciones con la realidad empírica.

- Son susceptibles de ser medidas de alguna forma.

En las investigaciones científicas que resuelven problemas explicativos, dentro de las variables relevantes es necesario definir cuál es la relación que se da entre ellas; cuál es causa y cuál es efecto; cuál determina y cuál es determinada. Por tal razón se definen los conceptos siguientes:

Variable independiente: es aquella variable que se considera como causa (a veces, puede tomar los valores que el investigador quiera darle, como es el caso del experimento).

Las variables independientes deben ser estocásticas, o sea, no dependen de nada, pero además deben ser independientes entre sí, entiéndase, que una no tenga nada que ver con la otra.

Variables dependientes: son aquellas variables que varían, que cambian de valores (cuantitativos o cualitativos) de acuerdo con los valores que toma la variable independiente, es decir, es un efecto de la variable independiente y está subordinada a ella.

Una variable puede ser la independiente en un estudio y la dependiente en otro, según la finalidad de la investigación. Si se indaga el efecto que la motivación tiene en el aprovechamiento, la motivación será la variable independiente. Pero si se quiere determinar el efecto que las formas de evaluación producen en la motivación de los estudiantes, ese rasgo psíquico se convertirá en la variable dependiente.

En el ejemplo que se presenta, el estilo de dirección es una variable independiente, y la asimilación de determinado conocimiento, es una variable dependiente.

Las variables relevantes son extremadamente importantes y su relación supuesta dará origen a la formulación de la hipótesis -lo que se verá seguidamente- pero las variables ajenas deben ser sometidas a un proceso que se denomina control de variables y que consiste en anular su efecto, compensarlo, o determinar con precisión el grado en que están influyendo.

Ahora bien, pretender reducir los problemas educacionales, que son complejos, al estudio de la relación entre variables independientes y dependientes, y la verificación de hipótesis acerca de tal relación, en condiciones controladas, es desconocer o subestimar las condiciones reales en que tienen lugar los procesos educativos y las limitaciones metodológicas y prácticas que imponen tales condiciones.

3

Tipos de Investigación Científica.

Las investigaciones científicas se pueden clasificar atendiendo al tipo de problema científico que resuelve, por lo que se clasifican en:

- **Investigaciones exploratorias:** se efectúan, cuando el objetivo es examinar un problema de investigación poco estudiado o que no ha sido abordado antes. Los estudios exploratorios nos sirven para aumentar el grado de familiaridad con hechos, procesos o fenómenos relativamente desconocidos.

- **Investigaciones descriptivas:** los estudios descriptivos buscan especificar las propiedades y características importantes de los objetos sometidos a análisis. Desde el punto de vista científico, describir es medir, por tanto, en un estudio descriptivo se seleccionan una serie de variables y se mide cada una de ellas independientemente, para así describir lo que se investiga.

- **Investigaciones correlacionales:** este tipo de estudios tiene como propósito medir el grado de relación que existe entre dos o más variables de un objeto en particular. Los estudios correlacionales miden las dos o más variables que se pretende ver si están o no relacionadas en el mismo objeto y después se analiza la correlación (si existe) y de qué manera.

La relación entre dos variables se representa: x ---y ; se observa que esta relación da una "dirección" y no un "sentido".

La utilidad y el propósito principal de los estudios correlacionales consisten en saber cómo se puede comparar una variable conociendo el comportamiento de otra u otras variables relacionadas.

- **Investigaciones explicativas:** están dirigidas a responder a las causas de los hechos, procesos o fenómenos. El interés de estos estudios se centra en explicar por qué ocurre un hecho, proceso o fenómeno y en qué condiciones se da éste, o por qué dos o más variables están relacionadas.

La relación entre dos variables se representa: x y; en este caso además de establecer una "dirección", se establece un "sentido" entre las variables relacionadas.

Los cuatro tipos de investigaciones son igualmente válidos e importantes, todos han contribuido al avance de las diferentes ciencias.

Para hacer un planteamiento correcto acerca de la solución de un problema científico, es necesaria la formulación de determinadas proposiciones, suposiciones o predicciones, que tienen como punto de partida los conocimientos teóricos y empíricos existentes sobre el objeto y que dan origen al problema planteado.

Por tal razón, es necesario formularse en una investigación científica una hipótesis de trabajo.

La HIPOTESIS CIENTIFICA es una relación supuesta con fundamentos teórico-científicos entre las variables relevantes seleccionadas, y que aporta una solución probable al problema científico planteado.

De la definición anterior se intuye que, la hipótesis es una formulación científicamente fundamentada acerca de las relaciones y nexos existentes de los elementos que conforman el objeto de estudio; mediante la cual se le da solución al problema de investigación y que constituye lo esencial del modelo teórico concebido.

La hipótesis es una proposición que expresa un juicio, una conjetura, una suposición que afirma algo y que generalmente enlaza, por lo menos, dos variables. Su estructura contiene: el campo de acción, las variables y los términos de relación.

En una investigación puede existir una o más hipótesis, a veces no se tienen hipótesis.

En la hipótesis como predicción, suposición o proposición se dejan sentadas las posibles causas que generaron el problema; se establecen las variables, las relaciones entre ellas y se prevén los métodos a utilizar en la investigación. Esto hace de la hipótesis el elemento rector del proceso de investigación científica.

En el transcurso de la investigación científica, la hipótesis se precisa, se rectifica y se modifica, de acuerdo con el nivel de profundidad que se alcance en el objeto de estudio.

La relación problema-objeto-objetivo, que con carácter de ley existe en la dinámica del proceso de investigación científica, se hace más esencial al introducir el concepto de hipótesis y nos permite transitar a una etapa superior de dicho proceso.

La hipótesis es la caracterización teórica fundamental del objeto de investigación, que de ser cierta, según el criterio de la práctica, le da solución al problema de un modo esencial y cumple el objetivo.

La hipótesis orienta las distintas etapas y tareas de la investigación científica, los métodos, los procedimientos y las técnicas a emplear para comprobar la veracidad del modelo teórico que plantea la misma.

La comprobación de la hipótesis de la investigación científica está determinada por la estrategia, por el modo lógico en que se organicen las acciones; por los métodos que se siguen en el desarrollo de la investigación; de ahí la relación que existe con carácter de ley -segunda ley- entre la hipótesis y los métodos de investigación científica. Esta ley se denomina: ley interna de la dinámica del proceso de investigación científica.

Esa relación método-hipótesis se convierte, de esa manera, en la relación básica de la dinámica del proceso de investigación científica, en su contradicción dialéctica fundamental, en el motor impulsor de ese proceso.

Cuando la hipótesis se comprueba, o cuando se demuestra su falsedad, cesa la contradicción, se resuelve la misma, y el proceso de investigación científica pasa a un estadio superior, ya que esa investigación se cumplió. Esa es la dialéctica, el desarrollo del proceso de investigación científica que nos enseña la Metodología de la Investigación Científica. (Ver segunda parte del anexo #2).

En resumen, estas dos leyes permiten caracterizar la dinámica del proceso de investigación científica. Estas leyes y sus características se convierten en la teoría de la ciencia Metodología de la Investigación Científica.

4

Fuentes de la hipótesis

Las hipótesis pueden provenir de:

- Teorías o sistema de conocimientos debidamente organizados y sistematizados; lo que se deriva mediante un proceso de deducción lógica.

- La observación de los hechos, procesos o fenómenos concretos y sus posibles relaciones, mediante un proceso inductivo.

- La información empírica disponible, la cual puede provenir de otras investigaciones sobre el problema, de la experiencia que posee el propio investigador, etc.

Tipos de hipótesis:

1. Hipótesis de investigación (Hi):

Son proposiciones tentativas acerca de las posibles relaciones entre dos o más variables. También se les denomina hipótesis de trabajo.

Las hipótesis de investigación pueden ser:

1.1. Hipótesis descriptivas (del valor de la variable que se va a observar en un objeto o en la manifestación de otra variable).

Las hipótesis de este tipo se utilizan en estudios de problemáticas descriptivas. No en todas las investigaciones descriptivas se formulan hipótesis.

Ejemplo: - "La motivación de los estudiantes de primer año de la carrera Matemática - Computación aumentará".

1.2. Hipótesis correlacionales:

Estas especifican las relaciones entre dos o más variables. Corresponden a investigaciones correlacionales.

Estas hipótesis pueden no sólo establecer que dos o más variables se encuentran relacionadas o asociadas, sino cómo lo están. Estas son las que alcanzan el nivel predictivo.

Se representa: x --- y.

Ejemplos:

- "La inteligencia está relacionada con la memoria".

- "A mayor autoestima, menor temor de logro".

Es necesario agregar que, en una hipótesis de correlación, el orden en que se colocan las variables no es importante, pues no hay relación de causalidad. Es lo mismo indicar: "A mayor x, menor y" que "A menor y, mayor x".

En la hipótesis correlacional no se habla de variables independientes y dependientes, estos conceptos carecen de sentido.

1.3. Hipótesis causales:

Este tipo de hipótesis no solamente afirma las relaciones -"dirección"- entre dos o más variables y cómo se dan dichas relaciones, sino que además proponen un "sentido" entre ellas. Todas estas hipótesis establecen relaciones de causa-efecto. Se representa: x y.

Ejemplo:

- "La desintegración familiar de los padres provoca baja autoestima en los hijos".

Para poder establecer causalidad se requiere que antes se haya demostrado correlación, pero además, la causa debe ocurrir antes que el efecto; asimismo, cambios en la causa deben provocar cambios en el efecto.

Solamente se puede hablar de variables independiente y dependiente cuando se formulan hipótesis causales. Correlación y causalidad son conceptos asociados pero distintos. Dos variables pueden estar correlacionadas y esto no necesariamente implica que una será causa de la otra.

Existen diferentes tipos de hipótesis causales, tales como: la relación causal bivariada, relación causal multivariada y relación causal con variable interviniente.

2. Hipótesis nulas (Ho):

Las hipótesis nulas son la negación de las hipótesis de investigación. También constituyen proposiciones.

Ejemplos:

- "La motivación de los estudiantes de primer año de la carrera Matemática - Computación no aumentará" (Hipótesis nula descriptiva).

- "No hay relación entre inteligencia y memoria" (Hipótesis nula de una correlación).

- "La desintegración familiar de los padres no provoca baja autoestima en los hijos". Hipótesis que niega la relación causal).

3. Hipótesis alternativas (Ha):

Como su nombre lo indica, son posibilidades "alternativas" ante las hipótesis de investigación y nula. Ofrecen otra descripción o explicación distinta a las que proporcionan estos tipos de hipótesis.

Las hipótesis alternativas sólo pueden formularse cuando hay otras posibilidades adicionales a las hipótesis de investigación y nula; de no ser así, no pueden existir.

Ejemplo:

- "La desintegración familiar de los padres provoca una elevación de la autoestima en los hijos".

4. Hipótesis estadísticas:

Las hipótesis estadísticas son la transformación de las hipótesis de investigación, nulas y alternativas en símbolos estadísticos. Se puede formular solamente cuando los datos del estudio que se van a recolectar y analizar, para probar o refutar las hipótesis, son cuantitativos (números, porcentajes, promedios).

Existen diferentes tipos de hipótesis estadísticas, estas pueden ser, de estimación, de correlación y de diferencias de medias.

En una misma investigación científica se pueden establecer todos los tipos de hipótesis, si el problema de investigación así lo requiere.

En las investigaciones exploratorias no pueden establecerse hipótesis. No puede presuponerse algo que apenas se conoce.

Características que debe tener una hipótesis:

- Las hipótesis deben referirse a una situación social real.

- Las variables de la hipótesis tienen que ser comprensibles, precisas y lo más concretas posibles.

- La relación entre variables propuestas por una hipótesis debe ser clara y lógica.

- Las variables de la hipótesis y la relación planteada entre ellas, deben poder ser observadas y medidas, o sea, tener referentes en la realidad objetiva.

- Las hipótesis deben estar relacionadas con técnicas disponibles para probarlas.

- El modelo que caracteriza el planteo de la hipótesis causal es: si aportes, entonces objetivo.

Principales funciones de las hipótesis:

- Rectoriar el proceso de investigación científica.

- Guiar la investigación científica.

- Describir, correlacionar y/o explicar el objeto de estudio.

- Probar teorías.

- Sugerir teorías.

Todo proceso de investigación científica se lleva a cabo a través del desarrollo de una serie de acciones que el investigador ejecuta, con el fin de demostrar la hipótesis planteada y alcanzar el objetivo de la investigación.

Al conjunto de acciones que se plantea el investigador para obtener nuevos conocimientos sobre el objeto que estudia, se llama TAREA, por lo tanto, constituye el paso concreto para resolver el problema planteado. A través de ellas se alcanza el objetivo de la investigación.

La tarea se formula a manera de acciones cognoscitivas, con una secuencia conscientemente determinada y con ayuda de los correspondientes métodos y procedimientos de la investigación científica, lo que permite controlar los resultados obtenidos.

El proceso de investigación científica se puede dividir, grosso modo, en etapas, y estas, a su vez, en tareas que las caracterizan, teniendo en cuenta el camino lógico del conocimiento científico: "De la contemplación viva, a la abstracción, y de allí, a la práctica" [16].

Tareas por etapas del proceso de investigación científica:

1. Investigación a un nivel fenomenológico (Primera etapa):

Tareas:

- Determinación del problema-objeto-objetivo.
- Determinación del marco contextual.
- Diagnóstico del objeto de estudio.
- Análisis histórico y determinación de tendencias y regularidades.

2. Construcción y despliegue de la teoría (Segunda etapa)

Tareas:

- Modelación teórica.
- Concreción del modelo teórico pensado.

3. Comprobación empírica del modelo teórico (Tercera etapa):

Tareas:

- Comprobación empírica.
- Conclusiones y recomendaciones.

En las obras de la Metodología de la Investigación Científica se utilizan los conceptos de método, procedimientos y técnicas con cierta profusión. A veces estos términos se presentan como si fueran sinónimos, cuando en realidad no lo son. Por eso es conveniente distinguirlos, aunque sea a un nivel teórico, si bien en la práctica hay casos concretos en que cuesta discernir si se trata de uno u otro concepto.

Los métodos de la investigación científica constituyen el camino para llegar al conocimiento científico; son un procedimiento o conjunto de procedimientos que sirven de instrumento para alcanzar los fines de la investigación. Los distintos métodos de investigación son aproximaciones para la recogida y el análisis de datos que conducirán a unas conclusiones, de las cuales podrán derivarse unas decisiones o implicaciones para la práctica.

Las técnicas son medios auxiliares que concurren en la misma finalidad. Las técnicas son particulares, mientras que el método es general. Dentro de un método pueden utilizarse diversas técnicas. La relación entre método y técnica es análoga a la que existe entre género y especie en Biología.

La Metodología de la Investigación Científica es la descripción y análisis de los métodos y se refiere, por tanto, al estudio de los métodos de la investigación científica.

El éxito de toda investigación científica está en la solución del problema científico, en alcanzar los objetivos y en la comprobación de la hipótesis de trabajo, lo cual depende del acierto que se tenga en la selección de los métodos, los procedimientos y las técnicas de investigación.

El METODO de la investigación científica es la forma de estructuración del proceso de investigación científica para transformar el objeto, lograr el objetivo, resolver el problema y comprobar la hipótesis.

Los procedimientos son las distintas operaciones que, en su integración, componen el método.

La técnica es un medio especial que se utiliza para recolectar, procesar o analizar la información.

La técnica está ligada fundamentalmente a la etapa empírica de la investigación científica.

Características de los métodos de investigación científica:

- Los métodos de investigación científica se apoyan en las etapas que permiten avanzar en el proceso de obtención de conocimientos, desde lo conocido a lo desconocido.

- Las características de los métodos de investigación están determinadas por el objeto de estudio, por el marco contextual (situación económica, social y cultural), por el investigador y por los objetivos que este quiere lograr.

- El método es una actividad mediadora entre el objeto que se investiga y el sujeto que investiga.

- El método científico de la investigación proporciona la orientación y dirección adecuada al trabajo del investigador y ayuda a escoger el camino más corto para alcanzar los resultados esperados.

- En cada etapa del proceso de investigación científica prevalece un método sobre los otros, sin que esto implique la negación absoluta de estos; como regla uno ni se desarrolla ni existe sin los otros, pues los mismos se complementan.

- El método está condicionado por el objeto, lo delimita la hipótesis, responde a un objetivo, posee una lógica, se fundamenta en una teoría y se confronta en la práctica.

- La contradicción dialéctica fundamental que se da en la dinámica del proceso de investigación científica está dada entre la hipótesis de investigación y los métodos de la investigación científica.

- La relación método-hipótesis es la relación básica del proceso de investigación científica y tiene un carácter de ley en la dinámica de ese proceso.

El proceso de investigación científica como objeto de la Metodología de la Investigación Científica, pasa por tres etapas o eslabones fundamentales: investigación a un nivel fenomenológico, construcción y despliegue de la teoría, y confirmación y predicción de la misma.

En el proceso real de la investigación estas etapas se encuentran claramente separadas entre sí, y se alcanzan con la ayuda de los métodos de investigación que se aplican en cada etapa del proceso para revelar y explicar las características y relaciones del objeto de estudio. En cada una de ellas prevalece un método sobre otro, sin que en ningún momento la aplicación preferencial de uno implique la negación absoluta de los otros.

Los métodos teóricos permiten revelar y explicar las relaciones esenciales del objeto de investigación. Estos métodos se emplean fundamentalmente en la 2da. etapa del proceso de investigación científica; en la construcción y despliegue de la teoría y en la determinación de la hipótesis de la investigación.

Por otra parte, los métodos empíricos permiten revelar y explicar las características fenomenológicas del objeto de estudio. Se emplean fundamentalmente en la etapa de acumulación de información empírica (1ra. etapa) y además, en la comprobación experimental de la hipótesis de trabajo (3ra. etapa).

Finalmente, los métodos estadísticos permiten la cuantificación y procesamiento de los datos para su interpretación. Se utilizan en la primera etapa para caracterizar la situación actual del objeto de investigación, fundamentalmente en la tercera etapa, durante la comprobación experimental de la hipótesis de investigación.

A lo largo de todo el proceso de investigación científica, los métodos científicos de investigación del conocimiento están dialécticamente relacionados, pues estos se complementan mutuamente en el proceso.

La selección del método y de las técnicas, como se infiere de lo dicho hasta aquí, va a establecerse sobre la base de una opción entre los distintos métodos y técnicas existentes, según se adapten a la investigación en cuestión.

El investigador, conociendo previamente las características del variado instrumental metódico y técnico disponible, y conociendo sus ventajas y limitaciones comparativas, deberá realizar la mejor elección, siempre sin perder de vista que el método y la técnica son un medio necesario para responder y solucionar el problema, pero sólo un medio, y no un fin en sí mismo.

Después de abordar las características fundamentales del proceso de investigación científica, se sugiere que se analice el anexo #2, en el cual se expresa la dinámica del mismo.

Hoy vivimos en un mundo que atestigua las maravillas de las ciencias físicas, químicas, biológicas, matemáticas, etc. La duración de la vida humana ha aumentado notablemente. El hombre viaja con más velocidad que el sonido, disfruta de alimentación más adecuada, realiza una labor física menor y sufre menos las incomodidades del excesivo calor, frío y humedad. Disfruta de más tiempo libre del que habría podido soñar hace un siglo. En el campo de la electrónica prometen progresos que se hallan más allá del alcance de la imaginación humana. Todas estas mejoras de que disfruta el hombre han resultados de las contribuciones de las ciencias referidas anteriormente.

Pero existe menos confianza acerca de la mejoría de los aspectos sociales. Con todas sus maravillosas máquinas se duda de si el hombre es más feliz, se halla más satisfecho, o de si sus necesidades básicas se cubren más eficazmente hoy que hace un siglo.

Es en el área de las ciencias sociales, en el cual se debe emplear el método científico. El anular este retraso de las ciencias sociales en relación con el resto de las ciencias constituye la más ambiciosa tarea con la que se enfrenta el hombre de finales del siglo XX y principios del XXI. Soluciones significativas sólo pueden lograrse por la aplicación del método científico a la investigación sociológica.

Algunos aspectos a tener en cuenta en la elaboración de una tesis académica en ciencias pedagógicas.

Redacción de la Introducción:

El objetivo fundamental de la Introducción es ubicar al lector en cuál es el Problema Científico que se pretende resolver con el desarrollo de la investigación, por qué es este importante resolverlo y cómo se le dará solución al mismo.

Aspectos a tener en cuenta:

- Se debe formular explícitamente: Problema científico, objeto de la investigación, objetivo(s), campo de acción o materia de investigación, hipótesis y/o las preguntas científicas, las tareas, los métodos de investigación, la novedad científica, la significación práctica y la contradicción dialéctica fundamental.

- Debe fundamentarse científicamente la existencia, actualidad e importancia del problema científico. En esta fundamentación, hay que rebasar el nivel empírico de la exposición acudiendo a: criterios de expertos, métodos empíricos, documentos rectores, etc.

- Se hará un estudio profundo de los antecedentes del problema en cuanto a: contexto en que surge, conocimientos científicos acumulados, investigaciones anteriores realizadas, etc.

- No se deben introducir definiciones de conceptos, ni argumentaciones de posiciones teóricas que no sean estrictamente necesarias para entender el problema científico o su vía de solución, para esto contamos con un capítulo de posiciones teóricas o marco teórico-referencial.

- Es necesario hacer una breve descripción de la estructura de la tesis que se realizará.

- No se deben hacer subdivisiones explícitas en la introducción.

- Se suele recomendar no exceder las diez cuartillas.

Capítulo primero: establecimiento de las posiciones teóricas de partida.

En este capítulo, corresponde establecer, explicar y argumentar las posiciones teóricas que se asumen como premisas para darle solución al problema científico planteado.

Aspectos a tener en cuenta:

- Aquí se definen los conceptos fundamentales para el tema y las teorías científicas que sustentan y/o argumentan los pasos que se darán para resolver el problema científico. Esto constituye en la tesis el marco teórico-referencial.

- Se debe realizar un diagnóstico de la situación actual del objeto de estudio, atendiendo a indicadores relacionados directamente con la problemática que se investiga.

- Debe declararse el comportamiento del objeto de estudio en su movimiento a lo largo de la historia y de aquí determinar las tendencias y regularidades del mismo.

- Se debe realizar una caracterización filosófica, gnoseológica, sociológica, cibernética, psicológica y pedagógica del objeto de estudio.

- En este capítulo se debe ser explícito, y establecer, explicar y argumentar ampliamente las posiciones asumidas.

- No debe omitirse ningún aspecto que permita la fundamentación de alguno de los pasos del proceso de solución del problema.

- No deben añadirse elementos que después no tendrán utilidad en la fase de solución del referido problema científico.

Capítulo segundo: solución del problema científico planteado.

A la elaboración de este capítulo se le debe dedicar el máximo de esfuerzos; se trata de ofrecer la solución del problema científico de una manera convincente.

Aspectos a tener en cuenta:

- Es necesario retomar el problema científico y hacer referencia a él nuevamente; téngase en cuenta que desde que se estableció éste en la Introducción han pasado un número considerable de cuartillas.

- En este capítulo se debe construir el modelo teórico y además, la concreción de dicho modelo teórico pensado.

- Es recomendable utilizar este capítulo para la fundamentación teórica de la respuesta al problema científico planteado.

- A partir de un análisis crítico de la bibliografía consultada y de otras fuentes de información, se ha de plantear, explicar y argumentar la solución del problema de investigación.

- La explicación y argumentación de la solución del problema debe de apoyarse en las posiciones teóricas que se declararon como premisas en el primer capítulo.

Capítulo tercero: organización y realización del experimento.

- Debe de comenzar con la declaración de la(s) hipótesis de trabajo y de sus respectivas variables, resaltando en el caso de las hipótesis causales, las independientes y dependientes.

- Se ha de declarar la población y la muestra seleccionada, los instrumentos utilizados y el diseño estadístico concebido.

- Se debe describir los resultados obtenidos con la aplicación de los instrumentos, y formular las inferencias correspondientes.

5

Conclusiones y recomendaciones.

- En las conclusiones se debe hacer un análisis del cumplimiento de los objetivos y retomar lo referente a la validación de la(s) hipótesis de investigación.

- En las recomendaciones se debe sugerir la socialización de los resultados de la investigación y las vías de su introducción en la práctica.

- Deben declararse los problemas abiertos, es decir, las interrogantes asociadas al problema abordado y que no se les pudo dar respuesta en la investigación realizada.

La sección complementaria y final: bibliografía, referencias y anexos.

- Se ha de escribir, ordenada alfabéticamente, la bibliografía utilizada; en esta tarea puede ayudar mucho las fichas bibliográficas elaboradas a lo largo del proceso de planificación y ejecución de la investigación.

- Se recomienda incorporar las obras consultadas que guarden una relación estrecha con el objeto de investigación. Téngase en cuenta que la comprensión de que existen obras afines no válidas es una manera de contribuir a la racionalización de la ciencia, evitando a otros investigadores repetir caminos estériles.

- Exprese correctamente las referencias bibliográficas.

- Se deben colocar correctamente las comillas en las citas textuales.

- Finalmente se tienen los anexos. En ellos pueden exponerse: tablas, gráficos, técnicas e instrumentos utilizados, resultados estadísticos, materiales recomendados para la introducción de los resultados de la investigación en la práctica, etc.

- Una referencia a los anexos bien utilizada puede ser un recurso efectivo para lograr ajustarse al número de páginas exigidos para el cuerpo de la tesis, entre 80 y 120 páginas.

Algunas recomendaciones generales.

- No redactar párrafos sumamente extensos.

- Se debe evitar el uso excesivo de oraciones separadas por coma y la repetición de gerundios.

- Se recomienda utilizar frecuentemente el punto y seguido.

- No escribir en primera persona. Cuando se necesite recalcar que la idea expresada se corresponde con la posición del investigador se puede utilizar expresiones como las siguientes: "Es criterio de este autor...", "El postulante considera que...", etc.

- Establecer un nexo entre un párrafo y el que sigue. Expresiones como: "En correspondencia con lo anterior..." o "Por otra parte..., pueden ayudar significativamente en ese sentido.

- No utilizar abreviaturas que no hayan sido especificadas previamente.

Bibliografía

1. Cuba. Academia de Ciencias. Metodología del conocimiento científico / Academia de Ciencias de Cuba; Academia de Ciencias de la URSS. -- La Habana : Ed. de Ciencias Sociales, 1978. -- 445 p.

2. ALVAREZ DE ZAYAS, CARLOS M. Epistemología. -- Santiago de Cuba : Ed. Universidad de Oriente. CEES "Manuel F. Gran", 1992. -- 90 h.

3. Metodología de la Investigación Científica. -- Santiago de Cuba : Universidad de Oriente. CEES "Manuel F. Gran", 1994. -- 65 h.

4. ARY, DONALD. Introducción a la Investigación Pedagógica / Donald Ary, Lucy Cheser Jacobs y Asghar Razavieh. -- México : Ed. LIBEMEX, 1994. -- 410 p.

5. BEST, JOHN W. Cómo investigar en educación. -- España : Ed. Morata: Filosofía, Psicología y Pedagogía, 1992. -- 397 p.

6. BLAGUIER, MARTHA. Sistemas formales y sus modelos. 29-41. En Revista Pensamiento Crítico (La Habana). -- No. 47, 1970.

7. ROSENTAL, M. Diccionario Filosófico / M. Rosental, P. Iudin. -- La Habana : Ed. Política, 1973. -498p.

8. GARCIA GARRIDO, LUCIANO. Sistemas, modelos y teorías. -- 17-28. En Revista Pensamiento Crítico (La Habana). -- No. 47, 1970.

9. GARCIA INZA, MIRIAM. Investigación Educativa (Instructivo). -- La Habana : Ed. IPLAC, 1994. -- 16 h.

10. GUETMANOVA, ALEXANDRA. Lógica. Moscú : Ed. Progreso, 1989. -- 363 p.

11 Lógica: en forma simple sobre lo complejo. Diccionario / A. Guétmanova, M. Panov, V. Petrov. Moscú : Ed. Progreso, 1991. -- 304 p.

12. HERNANDEZ SAMPIERI, ROBERTO. Metodología de la Investigación / Roberto Hernández Sampieri, Carlos Fernández Collado, Pilar Baptista Lucio. -- Colombia : Ed. Panamericana Formas e Impresos S.A., 1997. -- 505 p.

13. KEDROV, B. M. Clasificación de las ciencias. -- Moscú : Ed. Progreso, 1976. -- t. 2.

14. KOPNIN, P. V. Lógica Dialéctica. -- La Habana : Ed. Pueblo y Educación, 1983. -- 560 p.

15. KURSANOV, G. Problemas fundamentales del materialismo dialéctico. -- La Habana : Ed. ORBE, 1974. -- 371 p.

16. Metodología de la investigación educacional / Gastón Pérez Rodríguez [et al.]. -- La Habana: Ed. Pueblo y Educación, 1996. -- t. 1 ; 139 p.

17. SÁNCHEZ FERNANDEZ, CARLOS. Conferencias sobre problemas filosóficos y metodológicos de la Matemática. -- La Habana Ed. Universidad de La Habana, 1987. -- 207 p.

18. Problemas filosóficos y metodológicos relacionados con la matematización de las ciencias. En Filosofía y Ciencia. -- La Habana: Ed. de Ciencias Sociales, 1985. -- p. 188-214.

19. TORRES FERNANDEZ, PAUL. ¿Cómo redactar una tesis?. Recomendaciones generales. -- Potosí : Ed. Asesores Bioestadísticos, 1997. -- 32 p.

20. ZDRAVOMISLOV, A. G. Metodología y procedimientos de las investigaciones sociológicas. -- La Habana : Ed. Pueblo y Educación, 1981. -- 295 p.

Colecciones de esta Editorial

Colección *Conjetura de Filosfía*

1. *HEIDEGGER y la mística.* Reiner Schürmann-John D. Caputo.
2. *El problema del conocimiento en la filosofía del joven NIETZSCHE: Los póstumos del período 1867-1873.* Sergio Sánchez.
3. *Lógica, verdad y creencia: Algunas consideraciones sobre la Relación NIETZSCHA-SPIR.* Sergio Sánchez.
4. *Lecciones sobre Michel FOUCAULT.* Cristina Donda.

Colección *Biblioteca Escéptica de Filosofía*

Hobbes y el escepticismo. R. Popkin – R. Tuck.

Colección *Temática* (Investigación)

Psicología

Crisis socioeconómica. M. Alvarez – L. Daniel. (2004).

Autismo y Música. F. Gigena. (2004).

Filosofía

La 'Nueva' metodología de la Ciencia. S. Menna. (2004)

Historia

Mujeres y poder informal. Salud-enfermedad y hechicería en la Córdoba del siglo XVIII. L. Pizzo. (2004).

Educación
Dimensión Histórica Antropológica de la Didáctica y sus implicancias educativas. M. T. Minnig. (2003)
Economía
Gasto Social. Un modelo de mercado para Argentina. A. Baronio – F. Buchieri – S. Gastaldi – A. Vianco. (2004)
La Economía Política de un país en transición. Argentina 2001-2003. S. Gastaldi – F. Buchieri. (2004)
Teatro (Obra)
uBú DirEKtor. V. Cáceres. (2003).
El vendedor de imposibles y otras obras. E. Chaves. (2004).

La presente edición de *La Investigación Científica del Proceso Pedagógico* se terminó de imprimir en Editorial Universitas en agosto de 2020.

Impreso en Córdoba, Argentina

UNIVERSITAS

www.ingramcontent.com/pod-product-compliance
Ingram Content Group UK Ltd.
Pitfield, Milton Keynes, MK11 3LW, UK
UKHW061829190726
13853UKWH00009B/2511

9 789875 728851